KB268568

한국국제조리고등학교

우리로 떠나는

SEASON **2**

세계 여행

요리로 떠나는 세계 여행
SEASON 2

1판 1쇄 발행 2026년 3월 17일

저자 전지운 정윤슬 편다솔 박상현
       허수민 김종후 김지한 최효경

교정 주현강   **편집** 문서아

펴낸곳 (주)하움출판사   **펴낸이** 문현광

이메일 haum1000@naver.com   **홈페이지** haum.kr
블로그 blog.naver.com/haum1000   **인스타그램** @haum1007

ISBN 979-11-7374-367-2 (13590)

학생의 이야기

중학생 시절부터 독서를 통해 행복을 느꼈던 저는, 저 또한 누군가의 마음에 닿아 기쁨을 전하는 작가를 꿈꿔 왔습니다.

하지만 글을 쓴다는 것과 그것을 책으로 펴낸다는 것은 다른 차원의 일이었습니다. 막연한 두려움과 현실적인 벽 앞에서 망설이던 제게, '스쿨북스'는 출판이라는 새로운 세상을 열어 준 소중한 기회이자 도전의 장이었습니다.

특히 올해는 동아리 회장으로서 기획부터 원고 마감, 편집과 디자인에 이르기까지 출판의 전 과정을 부원들과 함께 호흡하며 이 책을 엮었습니다. 하나의 원고가 활자화되어 책이라는 물성을 갖기까지, 그 과정에서 마주한 크고 작은 난관들도 있었습니다. 하지만 그때마다 서로 격려하고 이끌어 준 부원들의 단단한 팀워크 덕분에 무사히 마침표를 찍을 수 있었습니다.

지난 1년, 우리의 치열했던 고민과 노력이 이 한 권에 고스란히 담겨 있습니다. 우리는 이 책을 통해 세상에 우리의 목소리를 내보내는 진정한 출판의 기쁨을 맛보았습니다. 페이지를 넘기며 다양한 나라의 음식 문화를 탐험하는 이 시간이, 독자 여러분께도 맛있는 즐거움으로 남기를 소망합니다.

문장은 하나의 재료와도 같습니다. 손끝에서 다듬어지고 마음을 지나 완성되는 순간, 그 문장은 누군가에게 위로가 되기도 하고 새로운 시각을 열어 주기도 합니다. 한국국제조리고등학교 출판 동아리는 바로 그 믿음에서 시작되었습니다. 글과 생각을 조리하고, 기록과 표현을 통해 성장하는 경험은 학생들에게 단순한 활동을 넘어 자신을 발견하는 또 하나의 배움이었습니다.

한 해 동안 학생들은 자신만의 언어로 감정과 세계를 탐구했습니다. 때로는 서툴고 더딘 문장이었지만, 그것은 성장의 과정이었으며, 서로의 문장을 읽고 피드백하며 한층 단단해진 태도는 이 책 안 곳곳에 담겨 있습니다. 그 여정 속에서 학생들은 '쓰기'가 단순한 기록을 넘어 삶을 바라보는 방식이며, 자신을 표현하는 힘이라는 사실을 깨달았습니다.

"좋은 요리는 좋은 이야기를 가지고 있다."라는 말처럼, 우리 학교의 특성과 맞닿아 있는 이 책은 단순한 세계 여러 나라의 레시피 모음집이 아니라 학생 개개인의 생각과 고민, 도전과 성장을 조용히 담아낸 결과물입니다. 책을 만드는 과정은 요리를 만드는 과정과 닮아 있습니다. 재료를 선택하고 조합하며, 필요하지 않은 요소를 덜어 내고, 가장 본질적인 것만을 남기는 일. 그렇게 완성된 결과물은 비로소 누군가에게 전해져 의미를 갖는다고 생각합니다.

저는 무엇보다 이번에 발간하는 7번째 발간물이 독자가 '읽고 보는 것'에서 그치지 않고, 학생들의 기록이 누구에게는 질문이 되고 또 다른 누군가에게는 용기와 영감이 되었으면 좋겠습니다. 그리고 무엇보다 이 책을 만든 학생들이 앞으로도 삶 속에서 '쓰는 사람', '표현하는 사람', '생각하는 사람'으로 성장해 가기를 진심으로 응원합니다.

끝으로, 묵묵히 과정에 함께한 스쿨북스 동아리 학생들, 그리고 출판이라는 낯선 시도를 기꺼이 응원해 준 모든 분들께 깊이 감사드립니다. 앞으로도 한국국제조리고등학교 출판 동아리 '스쿨북스'의 기록과 여정은 계속될 것입니다.

2026년
한국국제조리고등학교
출판 동아리 '스쿨북스'
지도 교사 신해균

목차

첫 번째 여행
인도

차나 시가 12

치킨 커리 14

라스굴라 16

짜이 18

두 번째 여행
필리핀

망고 샐러드 24

포크 아도보 26

바나나 튀김 28

칼라만시 30

세 번째 여행
브라질

비나그래찌 36

무케카 38

베이쥬 40

네 번째 여행
인도네시아

우랍   46

나시고렝   48

도돌   50

에스 짬뿌르   52

다섯 번째 여행
튀르키예

이스캔데르 케밥   58

살렙 음료   60

여섯 번째 여행
태국

똠얌꿍   66

푸팟퐁커리   68

타이 아이스티   70

일곱 번째 여행
베트남

짜조   76

팟타이   78

째   80

첫 번째 여행

인도

India

수도

뉴델리

언어

힌디어, 영어

랜드마크

아그라

샤자한이 왕비를 위해 지은
세계 7대 불가사의

1. 오른손 사용

식사 시에는 오른손만 사용하고, 왼손은 불결하다고 여겨 사용하지 않습니다.

2. 식사 전후 손 씻기

손으로 먹는 경우가 많아 음식을 먹기 전 손을 깨끗이 씻는 것이 일반적입니다.

3. 대화는 식사 후에

식사 중에는 지나친 대화를 피하고, 식사에 집중하는 경향이 있습니다.

마살라 단일 향신료(강황, 커민, 고수 등)와 이들을 조합한 혼합 향신료(가람 마살라 등)를 통틀어 마살라라고 부릅니다.

병아리콩 인도는 채식주의자가 많아 단백질 섭취를 위해 병아리콩을 매우 중요하게 여깁니다.

쌀 주로 남인도와 동인도 지역에서 '바스마티 쌀'과 같은 길고 찰기가 적은 쌀이 주식입니다.

식문화

1. 향신료

커민, 고수, 강황, 가람 마살라 등이 기본이 되며, 이 향신료의 조합과 사용법이 인도 요리의 정체성을 이룹니다.

2. 종교와 채식주의

종교적 이유로 쇠고기(힌두교), 돼지고기(이슬람교)를 금기하며, 채식 문화(약 30%)가 발달했습니다.

3. 수식(手食)

전통적으로 포크나 수저 대신 오른손을 사용하여 음식을 비벼 먹는 수식(手食) 문화가 보편적입니다.

병아리콩 춘권, 상큼 요거트 딥

차나 시가

재료

춘권피(소형) 8장

병아리콩(삶은 것) 1컵(약 150g)

양파(다진 것) 2큰술

생강(다진 것) 1/2작은술

강황 가루(Turmeric Powder) 1/4작은술

큐민 가루(Cumin Powder) 1/2작은술

고수 가루(Coriander Powder) 1작은술

소금 1/2작은술

식용유 2컵

플레인 요거트(무가당) 150g

차트 마살라(Chaat Masala) 1작은술

고수(다진 것) 1큰술

1. 삶은 병아리콩 1컵을 볼에 담아 포크로 으깨고, 다진 양파, 생강, 강황 가루, 큐민 가루, 고수 가루, 소금 1/2 작은술을 넣고 섞어 속 재료를 만듭니다.

2. 춘권피 위에 속 재료를 올리고 단단하게 말아 춘권을 만듭니다(끝은 물로 봉합합니다).

3. 냄비에 식용유 2컵을 넣고 170~180℃로 예열합니다.

4. 예열된 기름에 춘권을 넣고 황금색이 돌고 바삭해질 때까지 튀긴 후 건져 기름을 완전히 뺍니다.

5. 접시에 튀긴 춘권을 올리고, 그 위에 플레인 요거트 150g을 뿌린 후, 차트 마살라 1작은술과 다진 고수 1큰술을 뿌려 마무리합니다.

치킨 커리

재료

닭고기 800g

다진 생강 2t

다진 마늘 4t

칠리 파우더 6t

소금 1/4t

양파 1개

버터 40g

토마토 1kg

캐슈너트 100g

설탕 6t

화이트 비네거 3t

생크림 4t

카수리 메티 100g

1. 한 입 크기로 손질한 닭고기에 밑간을 하고 냉장고에서 최소 15분간 숙성합니다. 팬에 닭고기를 70~80%만 익혀 잠시 따로 둡니다.

2. 닭을 구웠던 팬에 버터를 넣고 채 썬 양파를 볶아 눌어붙은 부분을 긁어냅니다. 이후 1/4 크기로 자른 토마토와 캐슈너트를 넣고 토마토가 물러질 때까지 볶습니다.

3. 토마토가 잠길 정도로 물을 넣고, 다진 마늘, 소금, 식초, 설탕, 가람 마살라, 칠리 파우더, 버터를 넣고 끓입니다. 불을 끄고 블렌더로 곱게 갈아 줍니다.

4. 갈아 낸 소스를 체에 걸러 낸 후, 생크림과 초벌한 닭고기를 넣고 다시 한 번 끓입니다.

5. 불을 끄기 직전에 카수리 메티 100g을 뿌려 향을 더하고 완성합니다.

시럽에 담근 인도식 치즈볼 디저트

라스굴라

재료

우유 500ml

레몬즙 1T

설탕 150g

1. 우유를 끓여 식초로 치즈(체나)를 만들고, 찬물에 헹궈 물기를 꽉 짭니다.

2. 치즈를 손바닥으로 5분간 비벼 매끈하게 만듭니다.

3. 표면에 갈라짐이 없도록 작은 공 모양으로 빚습니다.

4. 냄비에 물 3~4컵, 설탕 1컵을 넣고 팔팔 끓입니다.

5. 끓는 시럽에 반죽을 넣고 뚜껑을 덮은 채 15분 삶습니다.

짜이

재료

홍차 티백 1개

우유 200ml

카다멈 1t

계핏가루 1t

1. 타이티 믹스/홍차 티백을 뜨거운 물 200ml에 5~7분 우려낸 후, 설탕과
   연유를 넣고 완전히 섞어 차갑게 식혀 줍니다.

2. 얼음을 가득 채운 컵에 준비된 홍차를 붓고, 맨 위에 우유나 연유를 살짝
   부어 제공합니다.

필리핀

Philippines

수도

마닐라

언어

필리핀어, 영어

랜드마크

보라카이 화이트 비치

세계 3대 비치로 꼽히며,
고운 백사장과 환상적인 석양이
아름다운 휴양지입니다.

1. 음식을 남기지 않기

필리핀에서는 음식을 남기는 것을 좋지 않게 봐요. 가능하면 다 먹으려고 노력하는 것이 예의입니다.

2. 식사 중 대화

식사 중에 가족이나 친구들과 즐겁게 대화하는 것이 일반적이며, 식사는 사회적 시간이자 친목 도모의 시간으로 여겨집니다.

3. 감사의 표현

식사 후에 "Salamat(고마워요)!"라고 말하는 것이 예의입니다.

쌀 필리핀 사람들이 하루 세 끼 모두 먹는 주식으로 주로 흰쌀밥, 마늘 볶음밥(시나낭), 죽(루가우) 형태로 섭취합니다.

고기류 돼지고기, 닭고기, 소고기가 다양하게 활용되며, 아도보, 레촌, 시식 아프리타다, 시니강, 불라로 등 여러 요리에 쓰입니다.

생선과 해산물 바다 인접 지역에서 튀긴 생선, 건어물, 새우 요리 등으로 즐겨 먹습니다.

식문화

1. 식재료와 맛의 특징

신선한 생선이 풍부하고, 칼라만시나 라임 같은 새콤한 과일이 많아 요리에 자주 활용됩니다.

2. 역사와 문화적 영향

스페인 식민지 시절 전해진 기독교 문화로 인해, 동남아시아 일부 지역에서는 돼지고기 소비 문화가 자리 잡았습니다.

3. 지리적 특성과 식생활

섬 지역의 특성으로 해산물과 과일, 돼지고기가 어우러진 독특한 식문화가 형성되었습니다.

망고 샐러드

재료

망고 1/2개

방울토마토 3개

양파 1/8개

새우젓 5g

식초 5ml

설탕 2g

1. 덜 익은 망고는 껍질을 벗겨 가늘게 채 썰고, 양파는 채 썰어 5분간 찬물에 담근 후 물기를 제거합니다. 방울토마토는 반으로 썰고 고추는 잘게 다집니다.

2. 작은 볼에 라임즙(1작은술), 설탕(2g)을 넣고 고루 섞어 소스를 완성합니다.

3. 믹싱 볼에 손질한 망고, 양파, 방울토마토, 다진 고추를 모두 담습니다.

4. 만들어 둔 소스를 믹싱 볼에 붓고 재료와 소스가 잘 어우러지도록 버무립니다.

5. 완성된 샐러드를 접시에 담아 제공합니다.

간장, 식초 넣고 푹 끓인 필리핀 돼지고기

포크 아도보

재료

돼지고기 120g

간장 1t

식초 1t

흑설탕 1t

마늘 2쪽

월계수잎 1장

1. 돼지고기 120g을 한 입 크기로 썰고, 잡내 제거를 원하면 끓는 물에 30초 정도 데쳐 줍니다.

2. 팬에 식용유를 두르고 마늘을 볶아 향을 내 줍니다.

3. 돼지고기를 넣고 겉면이 노릇해질 때까지 볶아 줍니다.

4. 간장, 식초, 물, 설탕, 후추, 월계수잎을 모두 넣고 끓입니다.

5. 끓기 시작하면 약불로 줄이고 뚜껑 덮고 20~25분 정도 졸여 줍니다. 자작하게 소스를 졸여서 마무리해 줍니다.

겉바속촉 달콤한 바나나 디저트

바나나 튀김

재료

바나나 3개

식용유 500ml

찹쌀가루 30g

1. 바나나 껍질을 벗기고 적당한 크기로 썰어 줍니다.

2. 일회용 비닐봉지에 바나나와 찹쌀가루를 넣고 흔들어 골고루 입힙니다.

3. 그릇에 튀김가루와 물을 섞어 튀김 반죽을 만듭니다.

4. 찹쌀가루를 묻힌 바나나를 반죽에 넣어 튀김 옷을 입힙니다.

5. 달군 식용유에 바나나를 넣어 노릇하게 튀긴 뒤, 키친타월로 기름기를 뺍
   니다.

신맛 강한 칼라만시로 만든 상큼한 음료

칼라만시

재료

칼라만시 6개

설탕 2t

1. 깨끗이 씻은 칼라만시를 반으로 자르고 씨를 빼서 즙을 짭니다.

2. 컵에 물 200ml를 넣고 설탕, 칼라만시즙을 넣고 잘 저어 줍니다.

3. 컵에 얼음을 넣어 마무리해 줍니다.

브라질

Brazil

브라질리아

포르투갈어

구세주 그리스도상

브라질의 상징이자 세계 7대 불가사의로
코르코바두산 정상에서 도시를 감싸안은
거대한 예수상입니다.

1. 포크, 나이프 사용

브라질 사람들은 손을 사용해 음식을 먹는 것을 지양합니다.

2. 초대받았을 경우

저녁 식사에 초대받았다면, 약속 시간보다 10~15분 정도 늦게 도착하는 것
이 일반적인 관행입니다.

3. 테이블 손목 부분에 손 올려 두기

두 손을 포크와 나이프를 잡은 채 식탁 위의 손목 부분에 살짝 올려 두는 것
이 예의 바른 태도로 간주됩니다.

⬭ 대표 식재료 ⬭

콩 쌀과 함께 매일 먹는 주식이며, 검은콩 스튜 페이조아다의 핵심 재료입니다.

카사바 뿌리채소로 튀기거나 삶아 먹고, 가루는 치즈 빵 재료로 쓰입니다.

쇠고기 브라질 사람들이 선호하는 육류로, 소금 간만 하는 슈하스코의 주재료입니다.

⬭ 식문화 ⬭

1. 다양한 문화의 융합

인디오, 포르투갈, 아프리카, 세 가지 주요 문화의 영향이 혼합되어 매우 다양하고 지역별로 독특한 음식 문화가 발달했습니다.

2. 쌀, 콩, 고기

대부분의 식사에서 쌀과 콩 스튜가 중심을 이루며, 여기에 다양한 육류를 곁들여 먹는 것이 일반적인 식사 구성입니다.

3. 공동체적인 식사 문화

식사는 가족, 친구와의 교류를 위한 중요한 시간이며, 슈하스코처럼 여러 음식을 함께 공유하며 즐기는 공동체적인 식사 방식이 발달했습니다.

야채에 새콤한 식초와 올리브유 드레싱

비나그래찌

재료

토마토 1/2개

레몬즙 10g

양파 1/4개

올리브유 20g

청피망 1/3개

후추 0.1g

홍피망 1/3개

파슬리 3g

1. 토마토, 양파, 피망을 균일한 크기로 다이스합니다.

2. 다진 양파를 찬물에 5~10분 담가 매운맛을 제거한 후, 물기를 완전히 제거합니다.

3. 레몬즙, 올리브유, 소금, 후추를 볼에 넣고 충분히 섞어 드레싱을 완성합니다.

4. 큰 볼에 손질 채소와 다진 파슬리를 담고, 드레싱을 부어 골고루 버무립니다.

5. 완성된 샐러드를 냉장고에 최소 30분간 보관하여 차갑게 숙성시킵니다.

코코넛 밀크로 끓인 해산물 요리

무케카

재료

대구 살 200g

새우 100g

양파 1/4개

토마토 1/2개

피망 1/4개

코코넛 밀크 100ml

올리브유 1t

마늘 1개

1. 생선을 세척하여 자른 후, 소금, 후추, 올리브유로 밑간을 진행합니다. 채소는 슬라이스 또는 다져서 준비합니다.

2. 냄비에 기름을 두르고 마늘, 양파를 볶습니다. 이후 피망과 토마토를 추가하여 부드러워질 때까지 볶습니다.

3. 밑간이 된 생선을 넣고 2~3분간 볶아 생선 표면을 익힙니다.

4. 코코넛 밀크와 라임즙을 넣고 약불에서 10분간 끓여 소스를 걸쭉하게 만듭니다.

5. 소금과 후추로 간을 조절한 후, 마지막에 고수를 넣고 혼합하여 조리를 완료합니다.

쫄깃한 타피오카 크레프

베이쥬

재료

연유 100g

버터 5g

코코넛 가루 20g

정향 4개

1. 냄비에 연유 100g, 버터 5g, 코코넛 가루 10g(나머지 10g은 장식용)을 넣고 중약불에 올려 줍니다.

2. 바닥이 타지 않도록 약 8~10분간 계속 저으면서 조리하고, 반죽이 뭉치고, 냄비 바닥이 보일 정도로 되직해지면 불을 끕니다.

3. 반죽을 평평한 접시에 옮기고 실온에서 식혀 줍니다(완전히 식은 후 냉장고에서 10~15분 정도 굳히면 더 굴리기 쉽습니다).

4. 손에 약간의 버터나 물을 바르고 반죽을 지름 약 2~3cm 정도의 볼 모양으로 빚어 줍니다.

5. 정향 한 개씩을 꽂아 장식합니다.

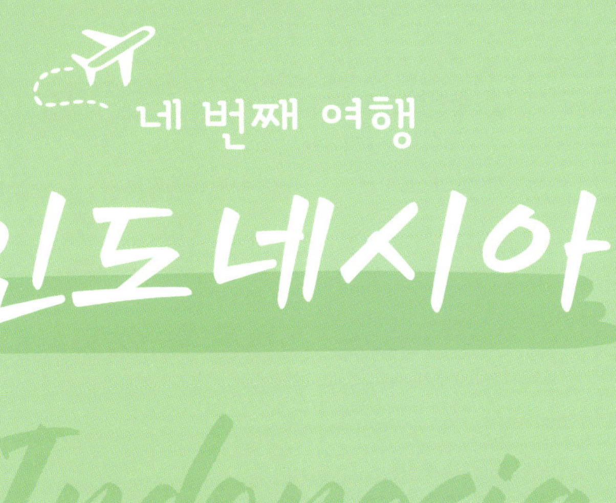

인도네시아

자카르타

인도네시아어

보로부두르 사원

세계 최고의 불교 유적

1. 오른손 사용

왼손은 화장실 용도로 간주하여 불결하게 여기므로, 식사를 하거나 음식을 건넬 때는 반드시 오른손만 사용해야 합니다.

2. 식사 시작 타이밍

연장자나 주인이 먼저 수저를 들거나 권하기(Silakan makan) 전까지는 기다리는 것이 예의입니다.

3. 소리 내지 않기

음식을 씹을 때 입을 벌려 쩝쩝 소리를 내거나 식기가 부딪치는 소리를 내는 것을 무례하다고 생각합니다.

삼발(Sambal) 고추, 샬롯, 마늘 등을 으깨어 만든 매콤한 페이스트로 한국의 고추장이나 김치처럼 거의 모든 식사에 곁들이는 필수 양념입니다.

코코넛 밀크(Santan) 렌당(Rendang)이나 카레 같은 요리부터 디저트까지 폭넓게 사용되며 음식에 부드러움과 고소한 풍미를 더해 줍니다.

템페(Tempe) 콩을 발효시켜 만든 큐브 형태의 식재료로 단백질이 풍부하고 식감이 좋아 튀김이나 볶음 요리에 자주 쓰이는 국민 식품입니다.

식문화

1. 할랄(Halal) 문화

세계 최대의 무슬림 인구가 거주하고 있으며 대부분의 할랄 식당에서 돼지고기와 술을 취급하지 않으며 할랄 인증 식재료를 사용합니다.

2. 물룩(Muluk)

현지인들은 도구보다 손끝을 사용해 밥과 반찬을 비벼 먹는 것이 음식의 온도를 느끼고 맛을 즐기는 데 더 좋다고 여깁니다.

3. 나시(Nasi)

'밥을 먹지 않으면 식사를 하지 않은 것'이라고 생각할 정도로 쌀 소비량이 많으며, 나시고렝(볶음밥) 등 다양한 밥 요리가 발달했습니다.

코코넛 양념 채소 샐러드

우랍

재료

시금치 100g

소금 3g

숙주 100g

액젓 3g

양배추 100g

설탕 15g

줄기콩 100g

코코넛 가루 150g

홍고추 1개

마늘 2개

대파 30g

1. 시금치, 숙주, 양배추, 줄기콩 등 원하는 채소를 씻어서 손질하고, 코코넛 가루 2컵을 준비합니다.

2. 홍고추, 마늘, 대파, 설탕, 소금, 액젓(트라시)을 믹서에 곱게 갈아 줍니다.

3. 준비한 코코넛 가루와 갈아 둔 양념을 골고루 섞은 뒤 마른 팬에 수분을 날리며 고슬고슬해질 때까지 볶습니다.

4. 손질한 채소는 끓는 물에 살짝 데친 후, 찬물에 헹궈 물기를 꽉 짭니다.

5. 물기를 짠 채소와 코코넛 양념을 볼에 넣고 골고루 버무리면 완성입니다.

인도네시아식 달콤 짭짤 볶음밥

나시고렝

재료

밥 200g

새우 5마리

달걀 1개

숙주 1줌

파프리카 1개

파 1/2개

진간장 1T

굴 소스 1t

스리라차 1T

액젓 1T

토마토 1/2개

1. 계란프라이를 만들고 새우는 껍질과 머리를 제거하여 해동합니다. 파프리카와 파를 썰고, 숙주는 씻어 준비합니다.

2. 팬에 올리브유를 두르고 새우, 파프리카를 넣고 새우가 익을 때까지 볶습니다.

3. 밥을 넣고, 진간장 1T, 굴 소스 1t, 스리라차 1T, 액젓 1T을 섞은 소스를 팬 한쪽에 부어서 약불에서 모든 재료와 잘 섞이도록 볶습니다.

4. 강불로 숙주와 파를 넣고 재빠르게 볶고 불을 끕니다.

5. 볶음밥을 접시에 담아 계란프라이를 올린 후 슬라이스 오이, 토마토, 새우, 크래커 등을 곁들여 장식합니다.

달콤 쫀득한 동남아 코코넛 간식

도돌

재료

찹쌀가루 500g

팜설탕 500g

코코넛 밀크 1L

물 250ml

판단잎 3장

소금 2.5g

식용유 약간

1. 물, 팜, 설탕, 판단잎을 끓여 녹인 후, 체에 걸러 식혀 줍니다.

2. 찹쌀가루, 코코넛 밀크, 소금에 식힌 시럽을 넣고 멍울 없이 잘 섞습니다.

3. 웍에 반죽을 붓고 중약불에서 바닥에 눌어붙지 않도록 계속 저어 가며 끓입니다.

4. 약불로 줄여 반죽이 짙은 갈색이 되고, 윤기가 돌며 한 덩어리가 될 때까지(약 1시간) 젓습니다.

5. 기름을 바른 틀에 담아서 완전히 식힌 뒤, 먹기 좋은 크기로 자르면 완성입니다.

인도네시아식 달콤한 얼음 디저트

에스 짬뿌르

재료

코코넛 젤리 3t

팜시드 3t

아보카도 1/4개

잭프루트 2조각

차아시드 1t

코코넛 밀크 50ml

연유 2T

시럽 1T

1. 코코넛 젤리, 팜시드, 아보카도, 잭프루트를 먹기 좋은 크기로 자릅니다.

2. 유리컵에 아보카도, 잭프루트, 코코넛 젤리, 팜시드, 치아시드를 층층이 담아 줍니다.

3. 따뜻하게 데운 코코넛 밀크를 붓고 그 위에 연유를 둘러 줍니다.

4. 얼음과 시럽을 추가합니다.

튀르키예

수도

앙카라

언어

튀르키예어

랜드마크

이스탄불

튀르키예 최대 도시

1. "엘리네 사을르크(Eline saglik)!" 인사

식사를 마친 후 요리한 사람에게 "당신의 손에 축복(건강)이 있기를!"이라는 뜻의 이 인사를 건네는 것이 최고의 찬사이자 예의입니다.

2. 빵에 대한 존중

튀르키예인들은 빵을 신성하게 여깁니다. 먹다 남은 빵을 함부로 버리지 않으며, 실수로 빵을 바닥에 떨어뜨렸다면 주워서 입을 맞추고 이마에 댄 뒤 높은 곳에 올려 두기도 합니다.

3. 차(Cay) 거절하지 않기

식사 후나 방문 시 제공되는 홍차(차이)는 우정과 환대의 상징입니다. 배가 부르더라도 첫 잔은 마시는 것이 예의이며, 더 이상 마실 수 없을 때는 찻잔 받침 위에 티스푼을 눕혀 두면 됩니다.

요거트(Yogurrt) '요거트'라는 단어의 기원답게 식탁에서 빠지지 않습니다. 음식의 소스, 수프 재료로 쓰거나 물과 소금을 넣어 '아이란(Ayran)'이라는 음료로 즐겨 마십니다.

가지(Patlican) '가지는 가난한 자의 고기'라는 말이 있을 정도로 사랑받는 채소입니다. '이맘 바이올드(이맘이 기절했다)'라는 요리를 포함해 300가지가 넘는 가지 요리법이 존재합니다.

 이슬람 문화권으로 돼지고기는 먹지 않으며, 주로 양고기를 사용합니다. 케밥을 비롯한 다양한 육류 요리의 핵심 재료입니다.

식문화

1. 카흐발트(Kahvalti)

튀르키예의 아침 식사는 매우 성대합니다. 갓 구운 빵, 여러 종류의 치즈, 올리브, 꿀, 카이막(Kaymak), 토마토, 오이 등을 한 상 가득 차려 놓고 천천히 즐깁니다.

2. 차이(Cay) 문화

튀르키예는 커피도 유명하지만, 실제 현지인들은 홍차인 '차이'를 물처럼 자주 마십니다. 허리가 잘록한 튤립 모양의 유리잔에 설탕을 넣어 마시는 것이 특징입니다.

3. 메제(Meze)

본식 전에 나오는 전채 요리 문화가 발달했습니다. 작은 접시에 담긴 다양한 딥 소스, 샐러드, 치즈, 절임 채소 등을 술(라키)이나 빵과 함께 곁들여 먹으며 입맛을 돋웁니다.

빵 위 고기, 버터 소스 듬뿍

이스캔데르 케밥

재료

양고기 500g

토마토 페이스트 15ml

양파즙 30ml

설탕 3g

플레인 요거트 330ml

토마토 퓌레 300g

올리브유 45ml

마늘 2쪽

후추 5g

소금 10g

파프리카 가루 10g

큐민 가루 3g

---

1. 양고기를 얇게 썰어 요거트, 양파즙, 올리브유 절반(약 22ml), 후추, 소금 (5g)에 버무려 최소 30분 재워 둡니다.

---

2. 남은 올리브유(약 23ml)에 다진 마늘을 볶다가, 토마토 퓌레, 페이스트, 설탕, 남은 소금(5g), 파프리카 가루, 큐민 가루를 넣고 10~15분간 끓여 소스를 만듭니다.

---

3. 재워 둔 양고기를 센 불에서 빠르게 구워 익힙니다.

---

4. 빵을 한 입 크기로 썰어 살짝 구운 뒤 접시에 깔고, 만든 소스의 절반을 뿌 립니다.

---

5. 소스 위에 구운 양고기를 올리고, 남은 소스를 다시 뿌립니다. 기호에 따 라 플레인 요거트를 곁들여 완성합니다.

나초 뿌리 가루로 만든 따뜻하고 달콤한

살렙 음료

재료

우유 200ml

살렙 가루 5g

설탕 15g

계핏가루 3g

1. 작은 냄비에 우유, 설탕, 살렙 가루를 넣고 약불에 올립니다.

2. 계속 저어 가며 천천히 데우고, 5~7분간 조리하고 걸쭉하게 만듭니다.

3. 끓기 직전 불을 끄고 컵에 담습니다.

4. 위에 계핏가루를 살짝 뿌려서 완성합니다.

여섯 번째 여행

태국

Thailand

방콕

태국어

방콕 왕국

태국 왕실의 상징이자
화려한 건축의 정수

1. 포크와 숟가락의 올바른 사용

보통 오른손에 숟가락, 왼손에는 포크를 듭니다. 이때 포크는 음식을 숟가락에 얹는 용도로만 사용하며, 포크를 직접 입에 넣지 않는 것이 예의입니다. 밥과 반찬은 숟가락으로 떠서 먹습니다.

2. 젓가락은 '국수' 먹을 때만

한국처럼 모든 식사에 젓가락을 사용하지 않습니다. 밥을 먹을 때 젓가락을 달라고 하는 것은 어색할 수 있으며, 젓가락은 주로 칼국수(꾸어이띠여우)와 같은 면 요리를 먹을 때만 사용합니다.

3. 공동으로 나눠 먹는 문화

개인 접시에 음식을 덜어 먹지만, 메인 요리는 테이블 가운데 두고 모두가 함께 공유합니다. 이때 자신의 숟가락(혹은 공용 국자)으로 먹을 만큼 조금씩 덜어 와야 하며, 한 번에 너무 많이 가져오거나 그릇째 들고 마시는 행동은 삼가는 것이 좋습니다.

남쁠라[น้ำปลา, 피쉬 소스(Fish Sauce)] 태국 요리에서 소금의 역할을 하는 가장 기본적인 조미료입니다.

라임(มะนาว, Manao) 및 레몬그라스, 갈랑가 등 향신채 태국 요리의 특징인 신맛과 독특한 향을 내는 데 필수적인 재료들입니다.

고추(พริก, Prik) 및 칠리 페이스트 태국 음식의 빼놓을 수 없는 매운맛을 책임지는 재료입니다.

식문화

1. 다섯 가지 맛의 조화

태국 요리는 한 가지 맛이 다섯 가지 맛을 절묘하게 조화시키는 것을 미덕으로 여깁니다.

2. 포크와 숟가락을 이용한 식사 문화

태국은 젓가락 문화권이 아니며, 일반적으로 숟가락과 포크(ส้อม, Som)를 사용하여 식사합니다.

3. 공동 식사와 덮밥/단품 요리 문화의 혼재

태국은 가족이나 친구끼리 여러 가지 음식을 한 상에 차려 놓고 밥(카오, Khao)과 함께 나누어 먹는 공동 식사 문화가 주를 이루지만, 바쁜 일상에서는 덮밥이나 단품 요리도 즐겨 먹습니다.

신맛, 매운맛, 향긋함이 어우러진 태국 수프

똠얌꿍

재료

새우 6개

레몬그라스 1개

갈랑가 1개

고추 2개

느타리버섯 20g

피쉬 소스 30ml

라임즙 30ml

고추기름 15ml

코코넛 밀크 45ml

고수잎 2개

1. 냄비에 물 600ml를 끓이고, 레몬그라스, 갈랑가, 라임잎을 넣고 5분간 끓여 향을 우려냅니다.

2. 새우와 느타리버섯을 넣고 중불에서 새우가 익을 때까지 3~5분 끓입니다.

3. 코코넛 밀크 2~3큰술을 넣으면 더 부드러운 맛이 납니다.

4. 불을 끄고 그릇에 담은 뒤, 고수잎과 고추를 얹어 마무리합니다.

부드러운 게살과 계란의 조화

푸팟퐁커리

재료

게 1마리

홍고추 1개

설탕 1t

마늘 1개

양파 1/2개

카레 가루 3t

고추기름 2T

쪽파 3대

굴 소스 1t

셀러리 20g

피쉬 소스 1t

1. 손질한 게를 기름 두른 팬에서 붉은색이 날 때까지 앞뒤로 노릇하게 구워 둡니다.

2. 양념장(카레 가루, 굴 소스 등)과 달걀물을 각각 섞어 둡니다.

3. 팬에 고추기름을 두르고 마늘과 양파를 볶아 향을 냅니다.

4. 볶은 채소에 양념장을 부어 끓이고, 구워 둔 게를 넣고 가볍게 섞습니다.

5. 약불로 줄여 달걀물을 붓고, 휘젓지 않고 몽글몽글하게 익혀 완성합니다.

타이 아이스티

재료

홍차 티백 1개

연유 40ml

설탕 3g

1. 홍차 티백을 뜨거운 물 200ml에 넣고 5~7분간 진하게 우립니다.

2. 찻잎을 체로 걸러 낸 뒤, 얼음을 넣었을 때 밍밍해지지 않도록 완전히 식혀 줍니다.

3. 식은 홍차에 설탕, 연유를 넣고 골고루 섞어 단맛을 냅니다.

4. 컵에 얼음을 가득 채우고 단맛을 낸 홍차를 부어 줍니다.

5. 맨 위에 우유나 연유를 살짝 얹어 2단 층을 내고, 취향껏 저어서 마십니다.

일곱 번째 여행

베트남

Vietnam

수도

하노이

언어

베트남어

랜드마크

할롱 베이

에메랄드빛 바다 위에 수천 개의
석회암 섬이 솟아 있는
유네스코 세계 자연유산입니다.

1. 공용 수저 사용

여러 사람이 함께 먹는 메인 요리에서 음식을 덜어 올 때는 개인 접시에 있는 본인의 수저가 아닌, 요리와 함께 제공된 공용 수저를 사용해야 합니다.

2. 연장자

식사를 시작할 때는 집주인이나 가장 연장자인 사람이 먼저 시작하거나, "식사하세요."와 같이 권유할 때까지 기다리는 것이 예의입니다.

3. 음식 남기기

접시에 담긴 음식을 아주 깨끗하게 비우는 것보다, 약간의 음식을 남기는 것이 충분히 배불리 잘 먹었다는 신호로 여겨지기도 합니다.

쌀 베트남은 세계적인 쌀 생산국이며, 쌀은 주식일 뿐만 아니라 다양한 형태로 사용됩니다.

느억맘 멸치 등을 발효시켜 만든 생선 소스로, 베트남 음식의 독특한 감칠맛과 짠맛을 담당합니다.

다양한 허브 베트남 요리는 신선한 채소와 향채소를 매우 풍부하게 사용하는 것이 특징입니다.

식문화

1. 공동체 중심의 식사 문화와 분식(分食) 형태

베트남은 한국과 유사하게 가족이나 공동체 단위로 식사하며, 반찬을 한 상에 차려 여럿이 나누어 먹는 문화가 발달했습니다.

2. 신선함과 허브를 강조한 건강 지향적인 식단

더운 기후의 영향으로 신선한 채소와 허브(향채소)를 매우 중요하게 사용하며, 이는 베트남 요리의 핵심적인 특징입니다.

3. 다양한 종류의 '반(Bánh)' 문화

'반(Bánh)'은 밀가루나 쌀가루를 주재료로 하여 만든 모든 종류의 케이크, 빵, 만두, 전, 그리고 일부 국수 요리를 포괄하는 개념입니다.

바삭하게 튀긴 베트남식 만두

짜조

라이스페이퍼 6개

다진 마늘 1T

다진 돼지고기 100g

당면 40g

양파 40g

당근 40g

목이버섯 20g

달걀 1개

소금 2g

후추 0.5g

식용유 300ml

1. 당면, 목이버섯은 불려 잘게 썰어 줍니다.

2. 다진 돼지고기, 채소, 당면, 달걀, 소금, 후추를 섞어 속 재료를 만듭니다.

3. 라이스페이퍼에 속을 넣고 양 끝을 접어 단단히 말아 줍니다.

4. 170도 기름에 황금색이 날 때까지 5~6분간 튀겨 줍니다.

5. 키친타월로 기름 제거 후 제공합니다.

새콤달콤 태국식 볶음 쌀국수

팟타이

재료

쌀국수 면 1줌

타마린드 주스 2t

칵테일 새우 5~6마리

라임 1조각

두부 1/4모

고춧가루 1t

달걀 1개

땅콩 가루 1t

숙주 크게 1줌

다진 양파 2큰술

부추 약간

피쉬 소스 2t

식용유 적당량

설탕 2t

1. 쌀국수 면은 찬물에 30분 이상 담가 부드럽게 불리고, 소스 재료는 미리 섞어 둡니다.

2. 팬에 기름을 두르고 으깬 두부, 다진 마늘, 양파를 볶다가 새우를 넣어 익혀 줍니다.

3. 불린 면과 소스를 넣고, 면이 소스를 머금어 부드러워질 때까지 센 불에서 볶아 줍니다.

4. 면을 한쪽으로 밀고 달걀을 스크램블한 뒤, 숙주와 부추를 넣어 가볍게 섞어 줍니다.

5. 그릇에 담고 다진 땅콩, 고춧가루, 라임을 곁들여 완성합니다.

콩, 팥, 과일, 코코넛 밀크 등을 넣어 만든 음식

째(Che)

재료

팥 1컵(약 200g)

설탕 1컵

소금 5g

코코넛 밀크 200ml

으깬 땅콩 1t

1. 팥은 깨끗이 씻어 물에 4시간 이상 불려 줍니다.

2. 냄비에 불린 팥과 물을 넉넉히 넣고, 팥이 손으로 쉽게 으깨질 때까지 푹 삶아 줍니다(중간에 거품은 걷어 냅니다).

3. 팥이 부드럽게 익으면 물을 자작하게 남기고 버린 뒤, 설탕 1/2컵과 소금 한 꼬집을 넣고 약불에서 5분간 졸여 단맛을 입혀 줍니다.

4. 다른 냄비에 코코넛 밀크, 설탕, 소금을 넣고 끓어오르면 전분물을 넣어 걸쭉한 농도의 소스를 만듭니다.

5. 그릇에 졸인 팥을 담고 그 위에 코코넛 소스를 듬뿍 부은 뒤, 으깬 땅콩을 뿌려 완성합니다.

허수민

친구들과 소통하며 우리만의 레시피를 책으로 출판하게 되어 영광입니다. 과정 속에서 함께 성장해 준 스쿨북스 부원들과 선생님께 진심으로 감사합니다.

김종후

처음으로 책을 만들면서 많이 긴장되었고, 선배님들께 도움이 될 수 있을까 걱정도 했지만 선배님들이 잘 알려 주시고 이끌어 주신 덕분에 좋은 책이 나온 것 같아 기쁩니다.

정윤슬

평소 독서를 즐기지 않았지만, 좋아하는 분야인 요리를 주제로 직접 책을 쓰면서 책에 대한 관심이 생겼습니다. 친구 및 후배들과 함께 책을 만들며 협동심을 배우고, 작가들의 노력이 얼마나 큰지 깨닫는 소중한 경험이었습니다.

편다솔

스쿨북스 활동을 통해 다양한 나라의 요리를 직접 만들고 책으로 출판하는 뜻깊은 경험을 했습니다. 요리 실습 과정에서 각 나라의 문화와 음식의 의미를 깊이 이해할 수 있었으며, 동아리의 노력으로 완성된 책 출판에 큰 보람을 느꼈습니다.

김지한

이번 책을 출판하게 되어 정말 놀라울 만큼 기쁘고 설렜습니다. 처음 글을 쓰기 시작했을 때는 이렇게 한 권의 책으로 나올 줄은 몰랐는데, 끝까지 열심히 한 결과가 눈앞에 보이니 더욱 뿌듯합니다.

박상현

스쿨북스라는 동아리를 통하여 내가 실습한 품목들이 책에 있고 내가 한 것을 공유할 수 있다는 것에 매우 흥미롭게 즐겁게 참여한 것 같아서 너무 좋았다.

최효경

언젠가 기회가 된다면 책을 만들어 보고 싶다는 마음이 있었는데, 우연히 스쿨북스 동아리에 들어오게 되어 책에 대해 더 배우고 알아 가며 새로운 경험을 쌓을 수 있어서 정말 뜻깊은 시간이었습니다. 단순히 글과 생각이 모여 책이 되는 것이 아니라, 기획, 편집, 디자인 등 많은 과정이 필요하다는 것을 알게 되었고 책 한 권을 완성하는 일이 얼마나 협력과 책임감을 요구하는지 깨달았습니다. 이 귀중한 경험들이 저에게 소중한 배움으로 남을 것이라고 생각합니다.